少年儿童百科全书

百变生物

（英）鲁斯·西蒙斯　著

王郁文　译

贺宏宇　审校

辽宁科学技术出版社

·沈阳·

目录 Contents

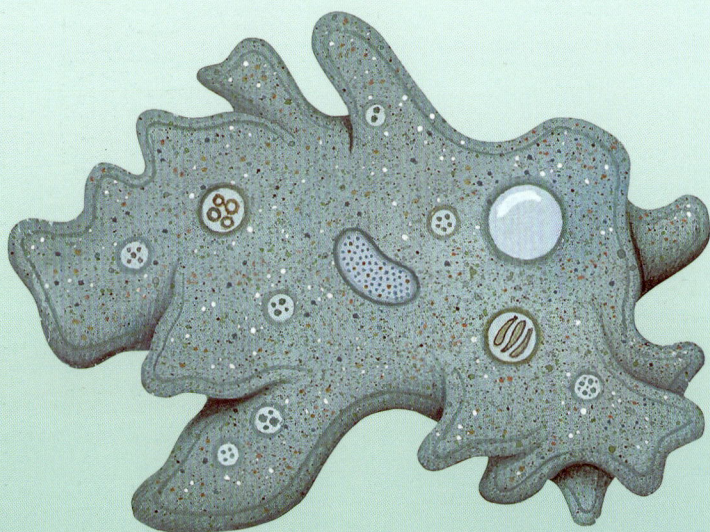

这本书应该怎么看?

每两页有一个简介,用来介绍主题大意,紧接着是关键词。如果想要了解关于主题更多的内容,可以阅读"你知道吗"部分,或者按照箭头指示阅读相关条目。

简介: 这部分是关于主题的简要介绍和一些基础知识。

箭头: 延伸阅读,如果你想了解更多,请直接翻到箭头所指的那页。例如(➡26)表示向后翻到第26页。(⬅6)表示向前翻到第6页。

你知道吗: 向小读者介绍更多有趣的知识点。

植物和真菌 Plants & fungi

木兰

植物界是生物的第二大界。植物的主要特征是通过光合作用(➡14)从阳光中获得能量。植物没有感觉器官,尽管它们具有向水性和向光性,但它们在环境中不能自由移动。真菌一度被认为是植物,现在被归类为一个独立的界。真菌包括:蘑菇、酵母菌(➡11)和霉菌。它们分解死亡的或垂死的植物和动物,并吸取这些动植物体的营养物质来获得能量。

蕨类   苔类

一年生植物(Annual Plant): 一种在一个生长季(通常是一年)内萌发(➡17)、开花和死去的植物。一年生植物包括玉米、生菜、豆类和万寿菊。

水生植物(Aquatic Plant): 生长在水里的植物。

二年生植物(Biennial Plant): 一种需要两年时间来完成生命周期的开花植物。在第一年,它通过光合作用储能量。在接下来的一年,它用这个能量开花、结果。二年生植物包括葡萄和蜀葵花。

苔藓植物(Bryophyte): 一种非维管束植物,如藓类,通过其叶子吸收水和矿物质并利用孢子(➡17)繁殖。

仙人掌(Cactus): 一种多汁植物,它只有在凉爽的夜间才打开气孔。大多数仙人掌满身是刺以防止动物吃它们。它们是为数不多的生长在沙漠的植物之一。

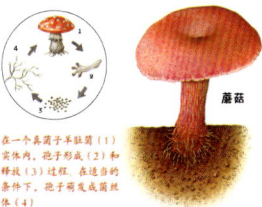

蘑菇

在一个真菌子实菌盖(1)实体内,孢子形成(2)和释放(3)过程。在适当的条件下,孢子萌发成菌丝体(4)

食肉植物(Carnivorous Plant): 通过消化动物来获得营养的植物。食肉植物生长在土壤贫瘠,特别是缺少矿物质的地区。它们用"陷阱"诱捕动物。

石松(Clubmoss): 一种长着鳞片状叶子的矮小的绿色植物。石松用孢子(➡17)繁殖。

针叶树(Conifer): 球花植物,也称为裸子植物。针叶树用球果(➡18)里的种子繁殖。所有针叶树都是灌木或乔木。多数有长且细的叶子,秋天不会落叶。

苏铁属植物(Cycad): 一种像棕榈的木本植物并通过球果(➡18)繁殖。苏铁属植物生长在热带地区。它在恐龙时代很常见。

双子叶植物(Dicot): 有两个子叶(➡16)的开花植物。花瓣数是4或5的倍数。多数灌木、灌木和乔木是双子叶植物。

蕨类植物的叶

附生植物(Epiphyte): 为了更好地吸收阳光,用其他植物做支撑,在其他植物之上生长的植物。附生植物收集雨露和落下为自身提供养分。附生植物包括凤梨花和兰花。

蕨类植物(Fern): 长有一个长而坚硬的茎和小型叶子(➡16)的无花绿色植物。蕨类植物生长在潮湿的地方,可以生长在少处。一些热带蕨类植物以附生的方式生长。

开花植物(Flowering Plant): 一种也称作被子植物的植物。开花、结果,果实内含有种子(➡16)。

银杏(Ginkgo): 一种古老的无花植物,叶子呈扇形。目前唯一幸存的物种源自中国。

买麻藤(Gnetophyte): 带有种子的木本植物。买麻藤包括:麻黄植物,来自美国的灌木;麻黄属,来自热带雨林的藤本植物;千岁兰,一种似仙人掌样的植物。

半寄生植物(Hemiparasite): 一种通过光合作用和寄生方

式获得能量的植物。槲寄生是一种半寄生植物。

生长在美国沙漠的什锦仙人掌

草本植物(Herbaceous Plant): 在生长季结束时,植物的叶子和茎的地上部分逐渐死亡。草本植物包括蝴蝶花、牡丹和胡萝卜。

木贼(Horsetail): 一种有孢子的维管植物,地上茎坚硬、中空。木贼的形状很像刷子头。

金鱼藻(Hornwort): 从角状的囊中释放孢子(➡17)的扁平苔藓植物。

菌丝(Hyphae): 形成真菌菌体的管状细丝。

地衣(Lichen): 藻类(➡10)和真菌的共生体。藻类通过光合作用制造自身养物质,真菌吸收水分,并在藻类上形成一保护层。因为这种关系,地衣非常耐寒。

地钱(Liverwort): 小的垫状苔藓植物。地钱有单叶,或扁平的枝叶状绿色枝干。

藏红花,一个单子叶植物

毛茛科,双子叶植物

单子叶植物(Monocot): 只有一个子叶(➡16)的开花植物。花瓣是3的倍数。单子叶植物包括百合花和郁金香。

苔藓(Moss): 枝叶繁多的苔藓类植物。许多物种在地表蔓延,形成藻垫。

霉菌(Mould): 长在潮湿或腐烂的生物体内的线状毛状真菌。

蘑菇(Mushroom): 伞状的子实体,真菌的繁殖促进它的生长。蘑菇的顶部或尖部释放数以百万计的微小的菌类孢子(➡17),随风飘散。有毒的蘑菇通常被称为毒蕈。

菌丝体(Mycelium): 由菌丝组成的网状体。菌丝在死亡的尸体或垂死的生物体内生长,助其分解。然后,菌丝吸收它们释放的养分。

非维管植物(Non-vascular Plant): 是指没有维管束在体内运输水分和养分的植物,如藓类植物。非维管植物通常生长在潮湿的地方。

寄生植物(Parasitic Plant): 从其他的植物获得其所需的水分和养分的植物。寄生植物可能寄生在宿主的外部或内部。

多年生植物(Perennial Plant): 生长期在两年以上的植物。许多较小的多年生植物属于草本。所有的树和大部分灌木属于多年生植物。

灌木(Shrub): 低矮的木质茎植物,贴近地面的地方开始生出枝干。

肉质植物(Succulent): 茎、叶、根中蓄有水分的植物。大多数肉质植物的叶小且有蜡状表皮,能够防止水分流失。

维管植物(Vascular Plant): 具有微小维管的植物,管状脉管在体内运输水分、养分和糖分。维管植物都有根、茎和叶。

藤本植物(Vine): 茎干细长的植物,攀爬于其他植物或岩石上得到支撑。

你知道吗

★ 除了针叶植物为主导的寒冷地区,有花植物是世界各地最普遍的陆生植物。

★ 第一种陆生植物大约在5亿年前由绿藻进化而来。

★ 世界上最古老的生物,是在加利福尼亚发现的生长缓慢的狐尾松幼树,据说约有13000岁。

★ 研究植物的科学家被称为植物学家。

★ 猪笼草(右)是一种食肉植物,用花瓣的气味引诱昆虫,昆虫会滑落瓶内,被瓶底分泌的液体淹死。

大王花,一种寄生物,是世界上最大的花

关键词和条目: 带颜色的关键词是这一主题中小·读者们应该了解的知识点,后面的文字是对这个词语的详细解释。

页码: 让小·读者轻易找到自己想看的那页。

生命 Life

经历数百万年形成的地球表面。地表温暖的浅海充满了化学物质，生命就是源于这些化学物质

生物被称为有机体。我们根据生物的相似之处、亲缘关系和祖先来进行分类或分组。大多数科学家认为，生物分为三个域：古菌域、细菌域和真核域。每一个域又按从大到小顺序进一步分为群组或等级：界、门、纲、目、科、属、种。

动物界（Animal Kingdom）：最大的真核生物界。动物能感知周围环境，单独行动，并通过吃其他生物获取能量。

古菌域（Archaea）：三域之一。古菌是一群单细胞生物，没有细胞核（➡11）。它们在化学成分上和细菌是不一样的。这个域只有一个界，也称为古菌界。

碳（Carbon）：一种常见的化学元素，所有活细胞都含有碳。

纲（Class）：位于目之上门之下的分类单元。

域（Domain）：生物分类法中最高的类别。三大域分别是：细菌域（➡10）、古菌域和真核域。细菌域和古菌域化学组成成分不同，每个域分裂成一个界。真核域则分为四个界。

真核域（Eukaryotes）：三域之一。真核生物有一个或者多个细胞。它们不同于古菌域和细菌域，细胞内有细胞核和细胞器（➡11）。真核域分为四个界：动物界、植物界、真菌界和原生生物界。

科（Family）：位于属之上目之下的分类单元。

真菌界（Fungi Kingdom）：真核生物域中的一个。包括蘑菇、酵母菌、霉菌。大多数真菌以死亡和腐烂的生物为食，利用孢子繁殖（➡17）。

属（Genus）：位于种之上科之下的分类单元。

杂交种（Hybrid）：一种生物体，即不同物种亲本的后代。杂交种通常不能继续繁殖。

界（Kingdom）：位于门之上域之下的分类单元。所有的生物可分成六个界：古生菌界、细菌界、原生生物界、真菌界、植物界和动物界。

卡尔·林奈（Carolus Linnaeus）：（1707—1778）瑞典科学家，他建立了"双名命名法"并增加了分类等级，包括界、纲、目。

分类单元	名称（学名和俗名）	包含的生物体
域	真核域 真核生物	原生生物、真菌、植物和动物
界	动物界 动物	脊椎动物、节肢动物、软体动物、海绵动物、蠕虫等
门	脊索动物门 脊椎动物	哺乳动物、鸟类、爬行动物、两栖动物和鱼类
纲	哺乳纲 哺乳动物	食肉动物、有蹄类动物、灵长类动物、食虫动物、啮齿动物、有袋类动物等
目	食肉目 食肉动物	猫、狗、果子狸、土狼、熊、猫鼬、鼬鼠、浣熊、海豹、海狮、海象等
科	猫科 猫	大猫、美洲狮、猎豹、山猫、猞猁、野猫、豹猫和家猫
属	豹属 大猫	美洲虎、老虎、狮子和豹子
种	虎 老虎	六个亚种：孟加拉虎、印尼虎、马来虎、苏门答腊虎、西伯利亚虎和华南虎

左侧的分类图显示了老虎的分类方式

目(Order)： 位于科之上纲之下的分类单元。

生物体（Organism）： 任何有生命的物体。所有的生物体都由一个或多个细胞构成。它们通过转换化学物质来提供生长原料，并通过释放能量给生命过程提供动力。所有的生物体都可以繁殖并应对环境的变化。

门（Phylum）： 位于纲之上界之下的分类单元。

植物界（Plant Kingdom）： 是真核域中的一个界。植物通过光合作用（➡14）获得能量。它们还能从地表吸收水分和矿物质。植物不能在它们的生态环境中自由移动。

原生生物界（Protist Kingdom）： 是真核域中的一个界。一个含有细胞核（➡11）的单细胞组成了一个原生生物。

等级（Rank）： 一个水平或标准，例如分类系统中的种、属或纲。

繁殖（Reproduction）： 是指产生后代。几乎所有生物都可以繁殖。

细胞呼吸（Respiration）： 几乎所有的生物都会进行的过程，在此过程中化学物质被分解并释放能量。大多数生物体的细胞呼吸需要消耗氧气。

学名（Scientific Name）： 用双名命名法给生物物种起的名字。第一个词是属名（如豹属），第二个词是种加词（如底格里斯），属名加种加词就是一个学名的写法。

物种（Species）： 是指通常在形态上相似的一群生物体，它们中的各个成员间可以正常交配并繁育出有生殖能力的后代。

亚种（Subspecies）： 是指一个物种的亚群，且经常与其他亚种有地理隔离。如果发生了接触，不同亚种之间可以交配繁殖。

分类法（Taxonomy）： 将所有生物划分成大小不同等级的分类方法，包括种、属、科、目、纲、门、界、域。

生物体内的每一个细胞都含有DNA（➡8）。这是DNA的结构模型

你知道吗

★ 地球上第一批生物出现在约37亿年前，可能在大海里。当某些简单的化学物组合在一起形成更复杂的物质时，这些生物便产生了，但现在仍不知道这个过程最初是如何发生的。

★ 人们曾经认为生物可能是凭空出现的，如人们大都认为蛆是从腐烂的肉中产生的。1668年，意大利人弗朗西斯科·雷迪通过证明蛆虫来自苍蝇的卵说明事实并非如此。为了证实自己的理论，他把肉在两个罐子里，一个敞口，一个密封。几天后，有敞口罐子里出现了蛆虫，因为苍蝇能够进入敞口罐子。

六个界

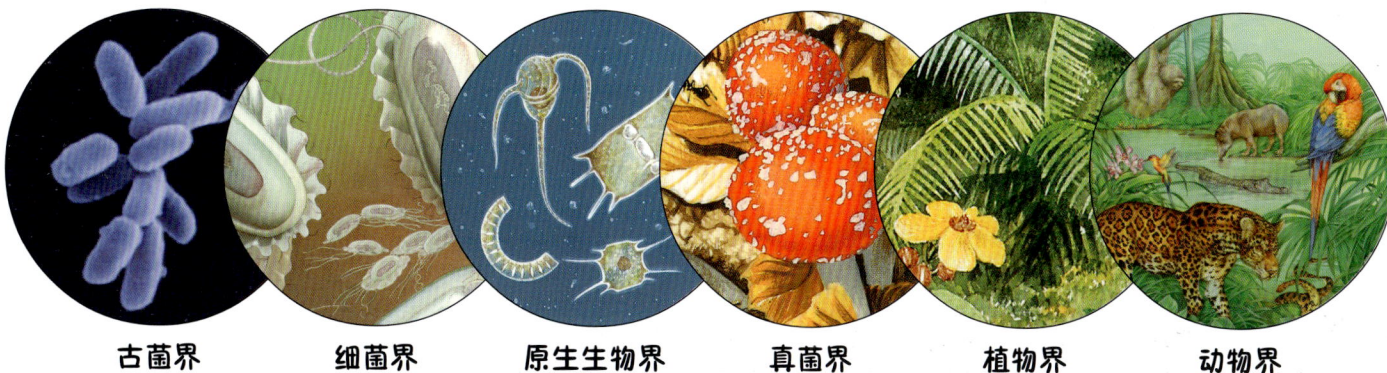

古菌界　**细菌界**　**原生生物界**　**真菌界**　**植物界**　**动物界**

分类 Classification

分类是将所有生物进行分组，展示所有生物之间关系的一种方式。这个图表显示了生命的三个域（◀4）是如何被生物学家分成界以及如何进行全面分类的。

古菌域

细菌域

真核生物域

- 原生生物
- 真 菌
- 植 物
- 动 物

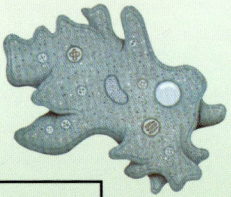

图解：

域（蓝色）	门/划分（米色）
界（橙色）	纲（紫色）

原生生物

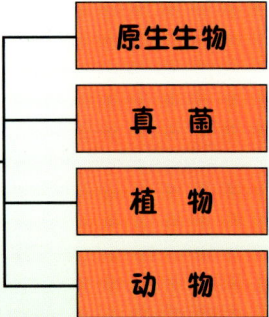

变形虫

真菌原生生物	鞭毛虫	变形虫	有孔虫	太阳虫
纤毛虫	顶复虫类	丝孢子虫类	金藻类	眼虫
硅藻	双鞭毛虫门	红藻类	褐藻	绿藻

真 菌

羊肚菌毒蝇伞

霉菌	子囊菌	半知菌	担子菌类

植 物

蕨

蕨类和楔叶类	银杏	针叶树	被子植物
苔藓植物	石松类	买麻藤门	苏铁

苔类	角苔类	藓类	单子叶植物	双子叶植物

瞪羚

脊索动物门

锤头鲨

栉水母动物

海绵动物

刺胞动物

轮虫动物

水熊虫

棘皮动物

天鹅绒虫

铁线虫门

刺头动物门

软体动物

红章鱼

动物

分节蠕虫

蛔虫

独角仙

扁形虫

节肢动物

腕足动物

苔藓动物

约十三小门

哺乳动物

鸟类

两栖动物

爬行动物

无颚鱼

硬骨鱼

软骨鱼类

海胆

海星

毛头星

蛇尾纲

海参

章鱼和鱿鱼

蜗牛和蛞蝓

石鳖

贻贝、蛤

掘足类

深海帽贝

昆虫

蛛形纲

马蹄蟹

海蜘蛛

蜈蚣

千足虫

甲壳类

寄生蟹

进化 Evolution

进化是生物体逐渐改变不断适应环境的过程。变异的物种通过把能更好的生存特征遗传给下一代，让这些个体更好地生存和繁殖。客观环境随着时间自然而然地发生变化：有些食物可能变得稀少或气候可能会改变。进化使一些生物能够在新的条件下生存。

雄孔雀的尾翎毛印证了性选择理论

适应（Adaptation）： 一代又一代的生物体逐渐适应环境的过程。生物体要适应气候、获得食物以及逃避捕食者。

适应性辐射（Adaptive Radiation）： 源于同一个单一物种进化出的多个物种，如夏威夷雀。一个物种到一个新地区后，会开始不同的生活方式，于是就发生了物种进化。

同功结构（Analogous Structure）： 不同物种身上具有相同功能的结构。比如鸟类、蝙蝠和昆虫的翅膀。但具体的形态差异很大，这是因为它们进化的环境不同。

趋同进化（Convergent Evolution）： 生物相似特征的进化。这些生物不相关，生活方式却很相像。例如，鲸和鲨鱼都有流线型的身体且都有鳍，这使它们在水中穿梭自如。

查尔斯·罗伯特·达尔文（Charles Robert Darwin）： （1809–1882）英国科学家。他创立了以自然选择学说为主要内容的生物进化理论。1859年他在自己的著作《物种起源》中提出了该理论。

 吃水果的鸟

吃种子的鸟

 吃昆虫的鸟

吃昆虫和花蜜的鸟

夏威夷雀——适应性辐射的一个例子

趋异进化（Divergent Evolution）： 是指两个或几个相关物种，因为在不同的生存环境中变得越来越不同的过程。例如，沙漠小狐狸比林地红狐狸更苍白，这种适应性的变化有助于它融入周边环境。

小白鼠是基因突变的结果，它们患的是"白化病"，皮肤、头发和眼睛上没有色素

DNA（脱氧核糖核酸）（Deoxyribonucleic Acid）： 所有生物细胞（➜10）体内都具有的化学物质。DNA能自我复制，携带信息（基因）来构建和运行细胞。

胚胎学（Embryology）： 研究动物早期发育的学科。哺乳动物、鸟类、爬行动物和鱼类胚胎之间的相似性表明它们来源于一个共同祖先。

灭绝（Extinction）： 一个物种或亚种绝种的过程。

化石（Fossil）： 存留在岩石中的古生物遗体。如果一个死去的生物体很快被泥沙掩埋，它的遗体可能在几百万年的时间里变成岩石。化石向我们展示了早已灭绝的生物体，为进化提供了证据。

科学家可通过研究化石追溯一个物种的进化。下面是大象的进化过程

嵌齿象 约 1400 万年前

长毛象 60 万年前

现代非洲象

古乳齿象 约 3600 万年前

始祖象 约 3700 万年前

基因（Genes）：有机体生长、发育、繁殖的一组指令。基因存在于DNA内，它们控制了细胞的构建方式，解析它们有助于确定生物体的特性。

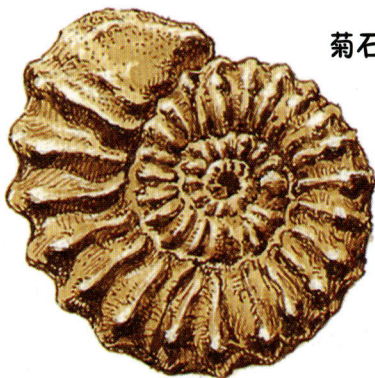

菊石

遗传学（Genetics）：涉及遗传的分支科学，主要研究性状是如何被遗传，基因怎么从亲代传给子代的。

同源结构（Homologous Structure）：那些外表不同却来自共同祖先的物种共同具有的结构。例如，蝙蝠的翅膀和人的手臂看起来不同，但实际上都由同样类型的骨头构成。

格雷戈尔·孟德尔（Gregor Mendel）：1822—1884，奥地利神父。他发现多数植物的性状是由其亲代遗传特性决定的。这一发现在1866年获得发表。

突变（Mutation）：基因结构的改变。突变可能是自发的，也可能由辐射或化学物质等外在因素引发。许多突变一旦传递给后代，可能非常有害并导致物种毁灭。有些突变是有益的，从而使后代更容易生存、繁殖和传递突变基因。

灰色的桦尺蠖用树上淡白色地衣来隐藏自己，防止捕食鸟发现它们

在工业革命时期，许多树被煤烟熏黑。在自然选择的作用下，暗色、伪装更好的黑蛾变得越来越多

自然选择（Natural Selection）：是指最适应环境的生物体更有可能生存、繁殖的过程。如果它们的后代有相同的特性，它们也更有可能生存。不适应环境的个体可能无法生存繁殖。自然选择是进化的推动力。

平行进化（Parallel Evolution）：相关却不同的物种相似特性的发展。例如，旧世界和新世界的豪猪，它们有同一个祖先，但各自进化出了不同的体刺。

性选择（Sexual Selection）：自然选择的一种形式，一种性别的生物喜欢异性个体的某个特征。例如，雌孔雀根据雄孔雀尾羽选择交配对象。有大尾羽特征的雄性孔雀更有可能交配并进行基因传递。

物种形成（Speciation）：由于趋异进化而形成的新物种。如果一群物种由于地理隔离，不与其他种群交配而是独立进化，那么它们的成员会越发不同，最终形成新的物种。

变异（Variations）：同一物种个体之间的差异。它们是由于个体独特的基因组合而产生的，包括遗传变异。

退化器官（Vestigial Organ）：在进化的过程，身体的某一部分变小或看起来失去了功能。例如，一些食草动物的阑尾很大并参与植物的消化；人类的阑尾小而退化，在消化中不起明显的作用。

罗素·阿尔弗雷德·华莱士（Russel Alfred Wallace）：1823—1913，英国科学家，在19世纪他独立于达尔文提出了自然选择进化论。

鱼、龟、牛和人类的早期胚胎看起来相似，它们是从同一祖先进化而来的

9

微生物 Microorganisms

微生物是微小的生物。微生物太小了，没有显微镜我们是看不到它们的。它们就在我们周围：空气中，水中，甚至在我们的身体里。微生物包括病毒、细菌、原生生物和一些真菌。

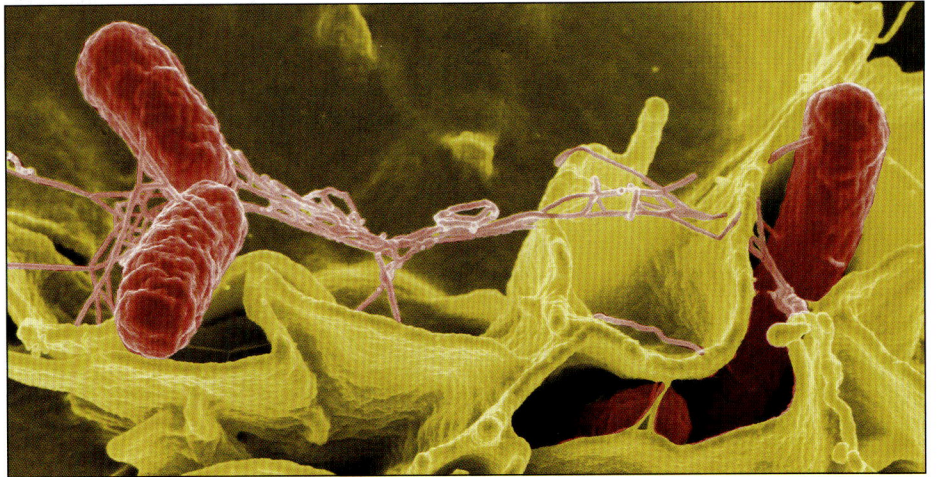

沙门氏菌（红色）入侵人体细胞。细菌借助长尾鞭毛移动

海藻（Alga）： 一种生活在水中或潮湿的地表，形似植物的原生生物。藻类通过光合作用（➡14）制造自身所需物质。（它们的大小从单细胞生物到大的多细胞生物如海带不等）

变形虫（Amoeba）： 没有特定形态的原生生物。变形虫生活在水中，靠漂流移动，像装满胶质的袋子。它们以其他微生物如细菌为食，通过二分裂方式进行繁殖。

腰鞭毛虫

顶复动物亚门（Apicomplexa）： 一群寄生原生动物，包括导致人类疟疾的物种。多数顶复动物亚门动物入侵并寄居在其他生物的细胞里。

曲霉（Aspergillus）： 微小的真菌（➡12），生长在腐烂的物质和土壤里。一些物种能引起人类疾病。

硅藻

细菌（Bacterium）： 简单的单细胞生物。细菌几乎到处可见，在空气中、水中、冰中、岩石中和其他有机体内部。一些细菌能使人生病。

杆菌（Bacillus）： 一种棒形的细菌。

细胞（Cell）： 构成生物体组织微小的"构造块"。胶质状的袋中，内含有细胞核和其他结构单元，如细胞器。

纤毛虫（Ciliate）： 身体被发状纤毛覆盖的原生动物。纤毛虫有节奏地舒张与收缩促使生物移动。

球菌（Coccus）： 球形的细菌。

蓝细菌（Cyanobacterium）： 也被称为蓝藻，通过光合作用（➡14）合成有机物。

硅藻（Diatoms）： 单细胞藻类，生活在池塘、河流和海里。硅藻被一层硬壳保护。

这个大肠杆菌（上图）大约0.0015毫米长。它比一个约0.0001毫米长的病毒（上左）要大很多

栉毛虫（Didinium）： 一种生活在淡水里的纤毛虫，以比自己大的原生生物为食。

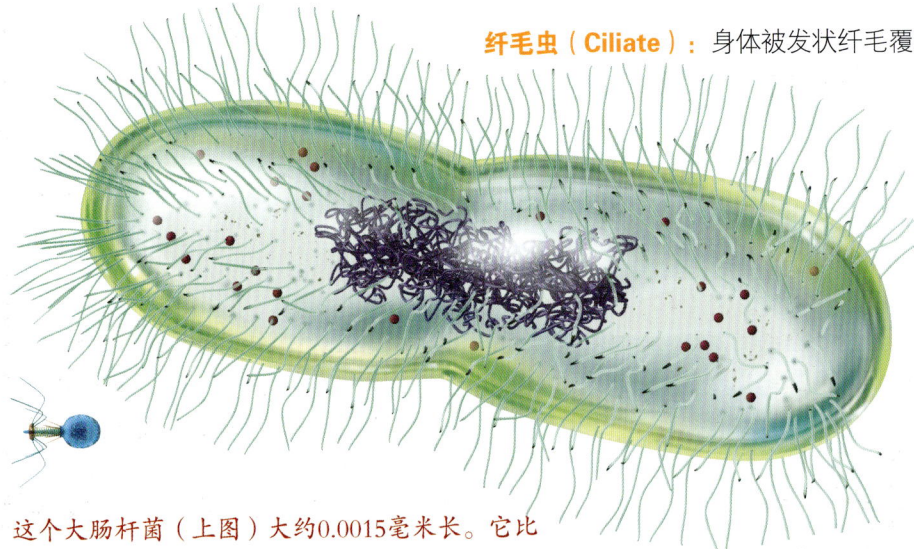

双鞭毛虫（Dinoflagellate）：海洋藻类。有一个强大、坚硬的细胞壁和突出的角，这有助于它直立上浮。

眼虫属生物（Euglena）：一种原生生物，通过光合作用（➡14）制造自身所需物质并通过摆动微小的鞭毛行走。

鞭毛虫（Flagella）：尾巴似的突出部分，是某些微生物游动的力量来源。鞭毛发出鞭打的动作，使身体在液体环境下移动。

有孔虫（Foraminiferan）：一种小型原生动物，有坚硬的箱包状细胞壁，像个漂亮的贝壳。

太阳虫（Heliozoan）：球形的淡水原生动物，四周有长而坚硬的突起，用来捕食。

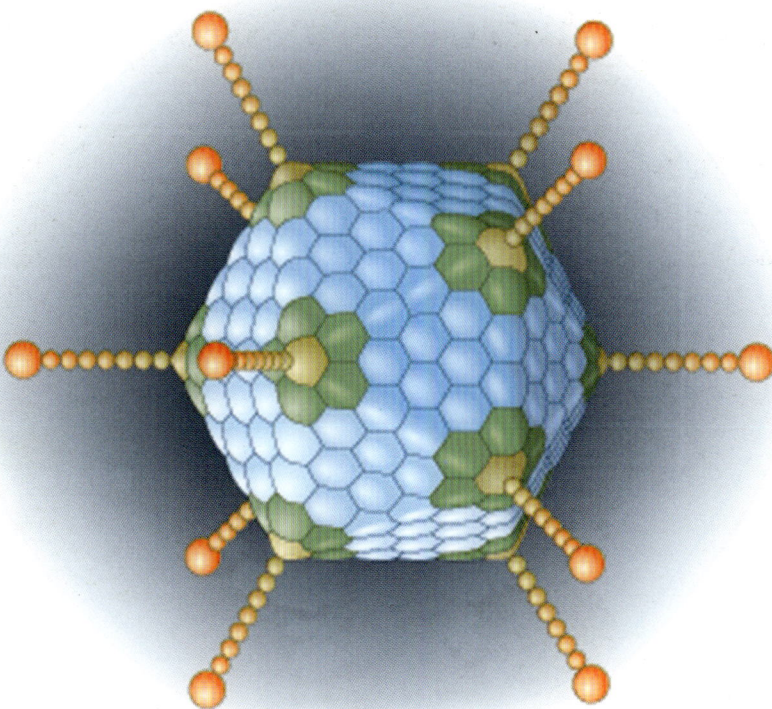

数十亿的原生生物生活在海洋中

腺病毒的计算机模拟模型（上图），它是一种能引起感冒的病毒。它的蛋白质外壳由三角形构成，里面含有一个DNA分子

多细胞动物（Multicellular）：多个细胞构成的动物。

细胞核（Nucleus）：一些细胞中较大的结构，其中含有基因（⬅9），因此能控制所有的细胞活动。

细胞器（Organelle）：一些细胞内部的微小结构。每种细胞器都有特定的功能。

原核生物（Prokaryote）：一种单细胞生物，如细菌，没有细胞核和细胞器。

原生生物（Protist）：一种由含细胞核的单细胞构成的有机体。原生生物主要生活在水中和潮湿的地方。一些原生生物（藻类）通过光合作用（➡14）制造有机物释放能量，其他原生生物（原生动物）需要摄取食物。

螺旋菌（Spirillum）：一种螺旋状的细菌。

病毒（Virus）：个体微小，结构简单，能导致疾病，它只能靠通过入侵生物体细胞来繁殖。人类的一些疾病，如感冒和流感就是由病毒引起的。

钟虫（Vorticella）：一种透明的原生动物，体呈吊钟形，附在植物的茎上，靠摆动纤毛把食物送进口中。

酵母菌（Yeast）：极小的单细胞真菌（➡12），存在于土壤和植物中。酵母菌内含有某些化学物质，能将糖转化为乙醇和二氧化碳气体。

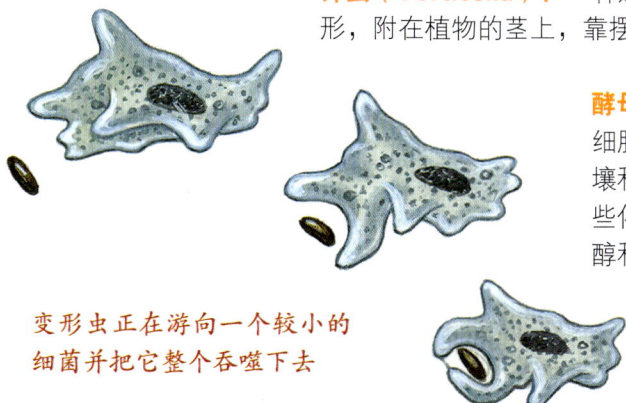

变形虫正在游向一个较小的
细菌并把它整个吞噬下去

你知道吗

★ 细菌是最常见的生物体。

★ 一个针头上可能有数万个细菌。

★ 酵母被用于加工一些食物和酒。生产面包时，酵母产生气体使生面膨胀。

★ 地球上最早的生物是原核生物。

★ 在没有活宿主细胞存在的情况下，病毒可以在休眠状态下存活许多年。一旦感染宿主细胞，病毒便开始活跃，然后进入细胞体内进行繁殖。

植物和真菌 Plants & fungi

木兰

植物界是生物的第二大界。植物的主要特征是通过光合作用（➡14）从阳光中获得能量。植物没有感觉器官，尽管它们具有向水性和向光性，但它们在环境中不能自由移动。真菌一度被认为是植物，现在被归类为一个独立的界。真菌包括：蘑菇、酵母菌（◀11）和霉菌。它们分解死亡的或垂死的植物和动物，并吸取这些动植物体的营养物质来获得能量。

藓类

苔类

一年生植物（Annual Plant）：一种在一个生长季（通常是一年）内萌发（➡17）、开花和死去的植物。一年生植物包括玉米、生菜、豆类和万寿菊。

水生植物（Aquatic Plant）：生长在水里的植物。

二年生植物（Biennial Plant）：一种需要两年时间来完成其生命周期的开花植物。在第一年，它通过光合作用存储能量。在接下来的一年，它用这个能量开花、结果。二年生植物包括蜀葵和蝴蝶花。

苔藓植物（Bryophyte）：一种非维管植物，如苔藓，通过其叶子吸收水和矿物质并利用孢子（➡17）繁殖。

仙人掌（Cactus）：一种多汁植物，它只有在凉爽的夜间才打开气孔。大多数仙人掌满身是刺来防止动物吃它们。它们是为数不多的生长在沙漠的植物之一。

蘑菇

在一个真菌子羊肚菌（1）实体内，孢子形成（2）和释放（3）过程。在适当的条件下，孢子萌发成菌丝体（4）

食肉植物（Carnivorous Plant）：通过消化动物来获得营养的植物。食肉植物生长在土壤贫瘠，特别是缺少矿物质的地区。它们用"陷阱"诱捕动物。

石松（Clubmoss）：一种长着鳞片状叶子的矮小的绿色植物。石松用孢子（➡17）繁殖。

针叶树（Conifer）：球花植物，也称为裸子植物。针叶树用球果（➡18）里的种子繁殖。所有针叶树都是灌木或乔木。多数有长且细的叶子，秋天不会落叶。

苏铁属植物（Cycad）：一种像棕榈的木本植物并通过球果（➡18）繁殖。苏铁属植物生长在热带地区。它在恐龙时代很常见。

蕨类植物的叶

双子叶植物（Dicot）：有两个子叶（➡16）的开花植物，花瓣数是4或5的倍数。多数花、灌木和乔木是双子叶植物。

附生植物（Epiphyte）：为了更好地吸收阳光，用其他植物作支撑，在其他植物之上生长的植物。附生植物收集雨露和落叶为自身提供养分。附生植物包括凤梨花和兰花。

蕨类植物（Fern）：长有一个长而坚硬的茎和小型了叶（➡16）的无花绿色植物。蕨类植物生长在潮湿的地方，可以生长在少光处。一些热带蕨类植物以附生的方式生长。

开花植物（Flowering Plant）：一种也称作被子植物的植物。开花，结果，果实内含有种子（➡16）。

银杏（Ginkgo）：一种古老的无花植物，叶子呈扇形。目前唯一幸存的物种源自中国。

买麻藤（Gnetophyte）：带有种子的木本植物。买麻藤包括：麻黄属植物，来自美国的灌木；麻藤属，来自热带森林的藤本植物；千岁兰，一种仙人掌样的植物。

半寄生植物（Hemiparasite）：一种通过光合作用和寄生方

式获得能量的植物。槲寄生是一种半寄生植物。

生长在美国沙漠的什锦仙人掌

草本植物（Herbaceous Plant）： 在生长季结束时，植物的叶子和茎的地上部分逐渐死亡。草本植物包括蝴蝶花、牡丹和胡萝卜。

木贼（Horsetail）： 一种有孢子的维管植物，地上茎坚硬、中空。木贼的形状很像刷子头。它通常生长在河流、湖泊和沼泽的附近。

金鱼藻（Hornwort）： 从角状的囊中释放孢子（➡17）的扁平苔藓植物。

菌丝（Hyphae）： 形成真菌菌丝体的管状细丝。

地衣（Lichen）： 藻类（◀10）和真菌的共生体。藻类通过光合作用制造自身所需物质。真菌吸收水分，并在藻类上形成一个保护层。因为这种关系，地衣非常耐寒。

地钱（Liverwort）： 小的垫状苔藓植物。地钱有单叶，或扁平的树叶状绿色枝干。

藏红花，一个单子叶植物

毛茛科，双子叶植物

单子叶植物（Monocot）： 只有一个子叶（➡16）的开花植物，花瓣是3的倍数。单子叶植物包括百合花和郁金香。

苔藓（Moss）： 茎叶繁多的苔藓类植物。许多物种在地表蔓延，形成藻席。

霉菌（Mould）： 长在潮湿或腐烂的生物体内的绒毛状真菌。

蘑菇（Mushroom）： 伞状的子实体，真菌的繁殖促进它的生长。蘑菇的顶部或尖部释放数以百万计的微小的真菌孢子（➡17），随风飘散。有毒的蘑菇通常被称为毒菌。

菌丝体（Mycelium）： 由菌丝组成的网状体。菌丝在死亡的尸体或垂死的生物体内生长，助其分解。然后，菌丝吸收它们释放的养分。

非维管植物（Non-vascular Plant）： 是指没有维管在体内运输水分和养分的植物，如苔藓类植物。非维管植物通常生长在潮湿的地方。

寄生植物（Parasitic Plant）： 从其他的植物获取其所需的水分和养分的植物。寄生植物可能寄附在宿主的外部或内部。

多年生植物（Perennial Plant）： 生长期在两年以上的植物。许多较小的多年生植物属于草本。所有的树和大部分灌木属于多年生植物。

灌木（Shrub）： 低矮的木质茎植物，贴近地面的地方开始横生出枝干。

肉质植物（Succulent）： 茎、叶、根中蓄有水分的植物。大多数肉质植物的叶小且有蜡状表皮，能够防止水分流失。

维管植物（Vascular Plant）： 具有微小维管的植物，管状脉管在体内运输水分、养分和糖分。维管植物都有根、茎和叶。

藤本植物（Vine）： 茎干细长的植物，攀爬到其他植物或岩石上得到支撑。

你知道吗

★ 除了针叶植物为主导的寒冷地区，有花植物是世界各地最普遍的陆生植物。

★ 第一种陆生植物大约在5亿年前由绿藻进化而来。

★ 世界上最古老的生物，是在加利福尼亚发现的生长缓慢的朱鲁帕橡树，据说约有13000岁。

★ 研究植物的科学家被称为植物学家。

★ 猪笼草（右），是一种食肉植物，用花蜜的气味引诱昆虫。昆虫会滑落瓶内，被瓶底分泌的液体淹死。

13

大王花，一种寄生物，是世界上最大的花

植物的功能 Plant functions

植物的各部分职能是不同的。叶子利用太阳光能产生有机物，这一过程被称作光合作用。大部分植物有根，负责吸收土壤中的水、矿物质和其他物质。坚硬的枝干能够支撑植物露在地面之上的部分。开花植物有雄蕊和雌蕊，能产生种子（➡16）。其他植物或无性生殖（➡16），或通过传播孢子（➡17）进行繁殖。

花蕾（Bud）： 是指茎或枝上将发育成花、茎或叶的小生长物。一些植物的花蕾被保护性的叶子所包围，直到它们长成，这些叶子叫作"鳞苞"。

叶绿素（Chlorophyll）： 所有的绿色植物体内都有的绿色色素，负责吸收阳光并利用太阳能来进行光合作用。

叶绿体（Chloroplast）： 植物细胞内含有叶绿素的一个小型结构。在植物叶绿体内进行光合作用。

捕蝇草是一种食肉植物，它不是从土壤中吸取营养物质而是从昆虫身上获取。和其他植物一样，它也通过光合作用来制造有机物

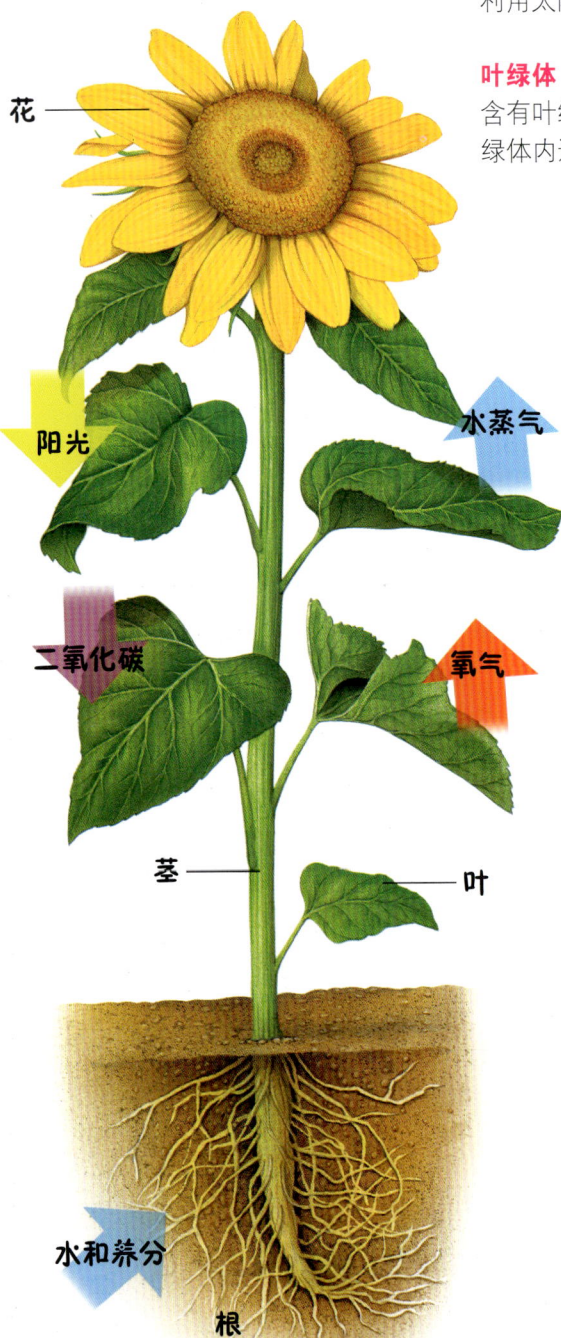

复叶（Compound Leaf）： 一片叶子分成几个更小的小叶，生长在同一根茎上。

表皮（Epidermis）： 植物最外面的一层，覆盖着植物的叶、茎、根和花瓣。它可以保护植物不遭到破坏，减少植物体内的水分流失。根部的表皮可以吸收水分和养分。

蕨叶（Frond）： 棕榈或蕨类植物的叶，可分为多枚复叶。蕨叶长在植物基部紧实的花蕾上。蕨叶展开，它的复叶便展开并开始成长。

保卫细胞（Guard Cells）： 位于植物两侧气孔的一对新月形的细胞。细胞通过变大或变小来调整气孔开放的尺寸。保卫细胞被阳光激活在白天打开，并在晚上关闭来减少水分流失。

叶面（Leaf）： 植物扁平的表面，是植物光合作用和蒸腾作用的场所。多数叶面很宽以便更多光线落在上面。

叶肉（Mesophyll）： 叶片表皮下柔软的内层。叶肉的上层称为栅栏组织，含有用于光合作用的叶绿体。下层称为海绵组织，二氧化碳、水蒸气和糖在这里进行交换。

韧皮部（Pholem）： 维管植物（◀13）内的组织，把光合作用产生的糖从叶子输送到植物的其他部分。

光合作用（Photosynthesis）： 绿色植物利用阳光作为能源，结合从空气中吸收的的二氧化碳、从土壤中吸收的水分制造有机物，这一过程称作光合作用。植物利用糖来增强它们的生命活动。光合作用也会产生氧气释放到空气中。

假根（Rhizoid）： 植物体内一个类似根的结构，如苔藓。假根可能把植物固定在地上，吸收水分，或两者兼而有之。假根与真根不同的是：它不含维管组织（木质部和韧皮部）。

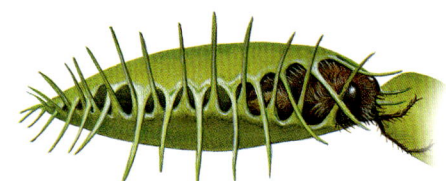

花 —

阳光

水蒸气

二氧化碳

氧气

茎 —

— 叶

水和养分

根

地下茎（Rhizome）：在地下水平生长的茎，其上又长出新的根和芽。

根（Root）：维管植物（◀13）的一部分，通常生长在地下。根固定植物，吸收水分和溶于水中的矿物质。最先生长的是主根，然后侧向生长各级侧根。

根毛（Root Hairs）：根尖部的延伸物。它们增加根的表面积以便吸收更多的养分。

单叶（Simple Leaf）：不能分成复叶的叶子。

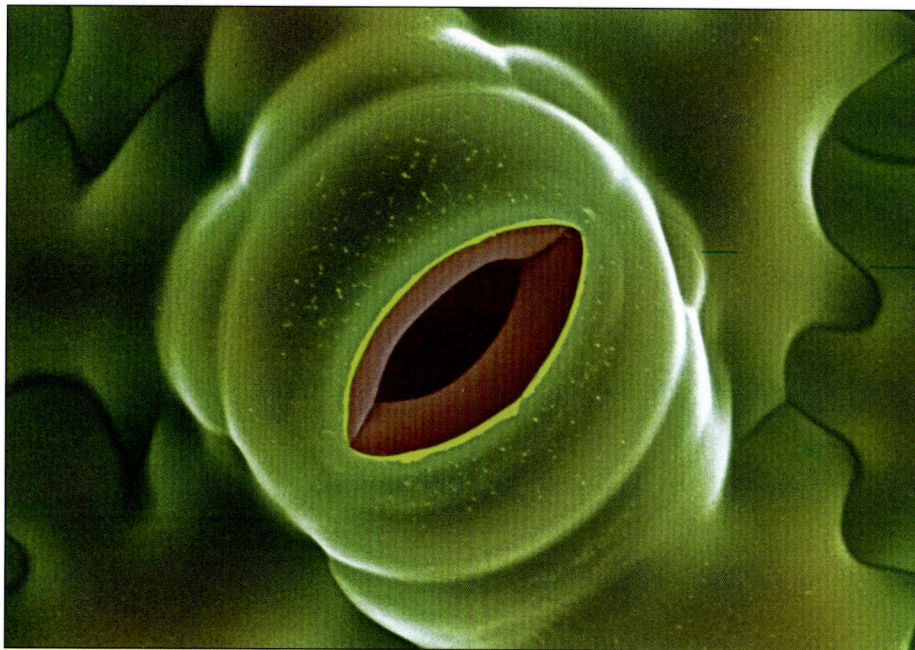

围绕在叶下气孔周围的保卫细胞特写照片

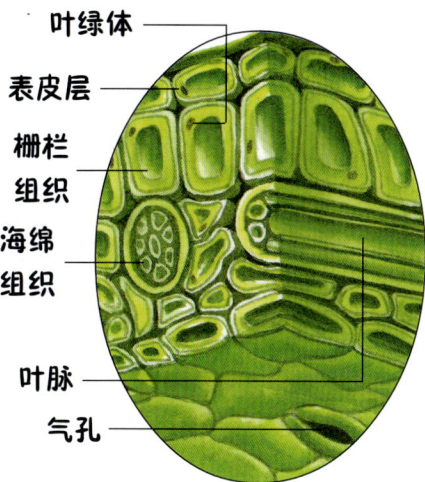

叶绿体
表皮层
栅栏组织
海绵组织
叶脉
气孔

叶子的结构

芽（Shoot）：植物新长出来的部分。

茎（Stem）：维管植物（◀13）长而硬的部分，支撑叶、花和果实或球果。它包含向植物周围输送水分和营养物质的组织。

气孔（Stoma）：叶下小孔。通过气孔，二氧化碳进入，氧气渗出。

蔓（Tendril）：可以不断变化的叶子，借以攀爬植物或缠绕其他物体以获得支撑。

一片单叶

蒸腾作用（Transpiratioon）：水以水蒸气的形式通过植物的气孔有控制地释放。叶子的失水过程能产生一种吸力，把根部的水分吸上来，同时将水分中富含的养分传送到植物其他部分。

向性运动（Tropism）：植物体受到外界刺激而生长或细微运动。例如，向光性是指植物朝向或背离阳光的运动，向地性是指植物在重力影响下的生长。

块茎（Tuber）：厚的地下茎或根，为下一个生长季贮藏丰富的营养物质。土豆是块茎的一种。

维管组织（Vascular Tissue）：在维管植物（◀13）内，木质部和韧皮部组织携带水、矿物质和溶解性糖。

叶脉（Veins）：叶子里的木质部和韧皮部细胞，叶脉支撑结构并把水分和养分运输到所有细胞中。

木质部（Xylem）：维管植物（◀13）的组织，携带来自根部的水和溶解的矿物质，并运输到植物的其他部分，这种液体叫作树液。

一片长有7枚小叶的复叶

你知道吗

★ 光合作用这个词的意思是"用光制造"

★ 植物65%～80%的部分是由水组成的。

★ 最深的植物根有60米。

★ 有史以来最大的单叶有3米长，近2米宽。它属于马来西亚的一种海芋属植物。

★ 一些种类的竹子每天生长91厘米，是世界上生长最快的植物。

胡萝卜可食用的部分是它的主根

花和种子 Flowers & Seeds

花的主要功能是繁殖——制造种子，这些种子可以生长成新的植物。花中既有雄蕊，又有雌蕊。雄蕊产生花粉，花粉必须到达同类花的雌蕊上。雄性生殖细胞和雌性生殖细胞受精后发育成种子。种子会利用很多机会离开亲本植株，比如风吹、流水和路过的动物。

花粉粒

心皮（Carpel）：花的雌性生殖器官，由子房、花柱和柱头组成。有些花有一个心皮，有些有多个，被称为雌蕊。

柔荑花序（Catkin）：一种悬空并通过风传播花粉的花序。柔荑花序存在于柳树、桦木和橡树中。

椰子（Coconut）：棕榈树（➡18）的果实，是被外壳包围的种子。它可能落入大海中并浮到其他海滩，在那里种子长成更多的树木。

子叶（Cotyledon）：叶状结构，也称为种子叶，发芽前存于种子内部。发芽后，子叶开始进行光合作用。

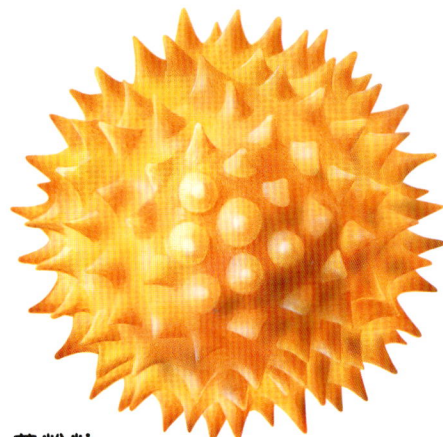

柱头
花药
花丝
花柱
子房
花瓣

花的生殖部位

传播（Dispersal）：植物分散种子的过程。

胚胎（Embryo）：种子内部初期的植物。

胚乳（Endosperm）：种子的一部分，为正发育的胚胎提供营养物质。

花丝（Filament）：花的茎状部分，起到固定花药的作用。

动物传播（Animal Dispersal）：通过动物来传播种子。动物吃掉果实，动物的粪便传播果实中的种子。坚果通常会被掩埋，如果没有被吃掉就可能发芽。有的种子会用钩或倒刺缠住动物的毛皮。

花药（Anther）：雄蕊顶部膨大呈囊状的部分，它可以生产花粉。

无性生殖（Asexual Reproduction）：不经过授粉由母体直接繁殖一根新枝或根发育成和母体相同的植物的繁殖方式。

自体传播（Ballistic Dispersal）：种子的爆炸性传播方式。水果通过挤压的方式尽可能远地传播种子。

浆果（Berry）：一种小的无核肉质果实，含有一个或若干种子。比如番茄和醋栗。

球茎（Bulb）：圆的地下茎，枝头有厚叶，底部有根。叶子在生长季节存储养分。郁金香和洋葱都是从球茎长成的。

花（Flower）：开花植物的繁殖部位。有些花既有雄蕊也有雌蕊，而有些花只有其中的一种。

果实（Fruit）：种子的外层，由一个成熟的花的子房形成。果实有软有硬。一些果实有美味的肉用于吸引动物吃掉它们，然后通过动物的粪便传播种子。

水果

牛油果
橙子
豌豆
核桃

蒲公英　　　梧桐　　　　　柔荑花序

被风带走的种子和花粉

发芽（Germination）：种子的胚胎发育长大。种子萌发需要水、氧气和适当的温度。

坚果（Nut）：带有坚硬果皮的果实。

子房（Ovary）：雌性的生殖器官，内含卵细胞或胚珠。一旦卵子受精，子房就会开始发育，最后形成果实。

花瓣（Petal）：环绕花生殖部分的叶状结构。许多花瓣共同组成了花冠。花瓣通常颜色鲜艳用来吸引昆虫。昆虫在花间活动，吸花蜜的同时完成了对花的授粉。

一个椰子漂向海滩，它可能成长为一棵新树

花粉（Pollen）：由花药产生的微小的灰尘一样的粒子。花粉里含有雄性生殖细胞。

授粉（Pollination）：花粉从雄蕊到雌蕊的转移。花粉粒很轻，能随风在空气中传播。有些花粉是黏的，由从花中吸取花蜜的动物进行传播。

17

草莓已经长出一个新的根，并成为一株新的植物。这就是所谓的无性繁殖

种子（Seed）：包含未发育的植物胚胎和营养供给的小壳。它会一直为植物生长提供能量，直到它有能力进行光合作用。

花萼（Sepal）：花瓣下小的绿色叶状结构。萼片为含苞待放的花提供保护。

孢子（Spores）：能长成新植物的微小尘埃状粒子。无花植物如蕨类，和真菌（◀12）一样用孢子进行繁殖。每个孢子都含有DNA（◀10），包含在一个保护层内。

雄蕊（Stamen）：花的雄性生殖部分，包括花药和花丝。

柱头（Stigma）：花柱末端，心皮的一部分，负责接受花粉。

核（Stone）：肉质果内又大又硬的种子。

花柱（Style）：心皮中长而薄的部分，连接子房和柱头。

外种皮（Testa）：种子周围的防护层，也称为"种子的外套"。

水传播（Water Dispersal）：种子通过水远离母体。大多数水生植物和一些陆生植物由水作为一种传播媒介。

风力传播（Wind Dispersal）：种子通过风远离母体的运动。一些种子，如蒲公英，有蓬松的"降落伞"来帮助它们在空中飘散。其他植物如桑树，种子有"翼"，能旋转远离母体。

萌发

当种子发芽后，其根系向下延伸，芽高高拱起，伸直。子叶打开并进行光合作用

树木 Trees

树是一种高大的多年生植物（◄13），木质的茎和枝条离地面很高。它的树枝分成若干小树枝，叶子展开能尽可能多地吸收太阳光。地下根吸收水分和土壤中的养分。树木类型主要有两种：阔叶树和针叶树。不同的树有不同形状的叶子，这通常是区别树种的最容易的方式。

针叶树和球果
（下）

冬天　　春天　　夏天　　秋天

落叶树的一年四季

树皮（Bark）：树干、灌木和藤蔓坚固的表层。外层树皮负责预防损害、寒冷和水分流失。内层树皮，也叫韧皮部（◄14），负责将叶子里的糖分输送到树的其他部分。

树枝（Branch）：树干上生长的枝条，能支撑树枝、树叶、花朵和果实。

阔叶树（Broadleaf Tree）：能结果的开花树木，果实里有种子。多数阔叶树木属于落叶类，但有一些属于常绿类，如冬青。

球果（Cone）：针叶树的生殖结构。松柏类的球果分为雄球果和雌球果。果实成熟后，雄球果释放花粉，它随风到达雌球果。种子随后在树上的雌球果内开始孕育。

针叶树（Coniferous Tree）：如松树和冷杉这类树，它们的种子生长在球果内，长有针状的叶。通常，针叶树有狭窄的锥形树冠形状。几乎所有的针叶树都属于常绿类，但有一些属落叶类，如落叶松。

树冠（Crown）：树顶的枝干和树叶。由于枝干的数量和角度不同，每个物种的树冠都有其典型的形状。大多数树冠都是圆形或冠形。

一棵巨大的红杉，地球上最高的树

落叶树（Deciduous）：如橡树、枫树或桦树这类树，在秋天落叶，这让它能在寒冷的季节贮藏水分，在春天长出新的叶子。

内生树木（Endogenous Tree）：树木新长的部分都点缀在旧的木纤维里，而不是在一个特定区重新生长。内生树木包括棕榈树和仙人掌。

常绿树（Evergreen）：松树或冬青类的植物，一年四季都有叶子。常绿树终年都有落叶，随时都能再生新叶。

棕榈树

外生树（Exogenous Tree）：树每年以树心为中心横向生长。大多数树木是外生的。

生长层（Growth Layer）：植物内皮下的一层树干。它使外部长出新树皮，内部长出新边材。

心材（Heartwood）：树干的中心部分，由旧而坚硬的

18

边材组成。心材是树木强有力的"支柱"。

棕榈树（Palm Tree）：树干笔直、没有分枝的树。顶部是由大片叶子构成的树冠。棕榈树可以长到40米高，主要生长在热带和亚热带地区。

树脂（Resin）：树产生的黏稠物质。树脂有助于帮助树皮上的任何伤口愈合，并保护它免受感染。它还是对付昆虫的陷阱，可以阻止它们吃木材。

边材（Sapwood）：树木内部生长层里面的那层。边材负责将水从根部输送到树叶。边材每年都会长出新的一层，看起来像一个环，这个环就叫作"年轮"。

叶

边材吸收土壤中的水分（红色），输送到叶片。光合作用产生了有机物（蓝色），从树叶通过内层树皮流到树的其他部分

树干（Trunk）：树的主要枝干。一个树干由多层组成：外层树皮、内层树皮、生长层、边材和心材。

小枝（Twig）：树干的小分枝。叶、花和果实是从小枝的蓓蕾中长出的。

树干的层次

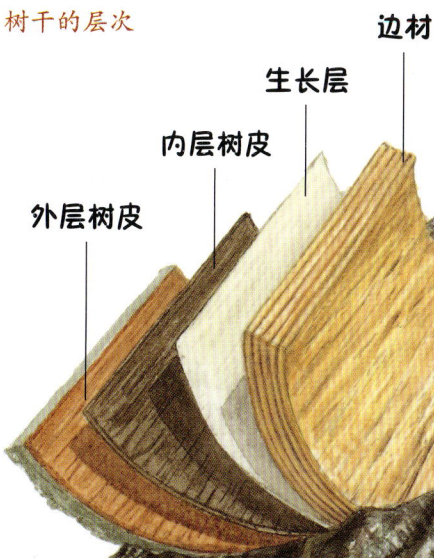

边材

生长层

内层树皮

外层树皮

你知道吗

★ 世界上最大的树是美国加州的大红杉。有90多米高，可能有超过3000年的历史了，比最大的动物蓝鲸重25倍。

★ 关于树木的科学称为"树木学"。

★ 树是一种宝贵的资源。它们给我们提供燃料、木材、药品、食品、纸张、橡胶，甚至肥皂。更重要的是，它们可以吸收二氧化碳，放出氧气，维持环境中气体平衡。

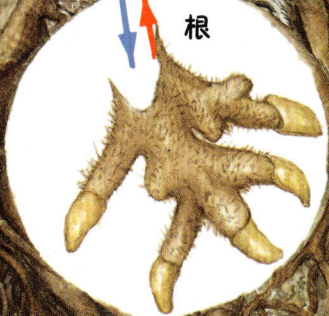

根

如果你看一看砍下来的树桩，每年增加到生长层的边材表现为一个圆环。数一数环的数目便可知树的年龄

树皮

生长层

年轮

边材

心材

动物的行为 Animal Behaviour

动 物行为包括动物所进行的一系列活动，包括觅食、防御和繁殖。它包括动物与环境及其他动物的关系。一些动物生活在复杂的种群中。也有很多动物是独居，但为了交配或抚养后代也会群居在一起。多数的动物行为都是为了增加自身的生存概率。

蜜蜂形成群居的巢穴

领头动物（Alpha Animal）：领导并影响种群的动物。领头动物有最好的食物还可以优先选择配偶。它往往是种群中身材最大、体格最强壮或年龄最长的。在一些种群中，如狒狒，领头动物都源于一个"高贵"家族。

鸟鸣（Birdsong）：为了划分它们的领土或者吸引异性，某些种类的鸟会发出悦耳的声音。鸟也会发出短促的叫声来提醒它的同类处境危险。

巢寄生（Brood Parasite）：某些鸟类骗取其他鸟为其育雏。例如，杜鹃将卵产在其他鸟的巢内。巢寄生的雏鸟破壳后便本能地将宿主的卵拱出巢外，确保自己能吃到食物。

红狐狸有地盘意识，图为一只红狐狸正与走进它领地的其他狐狸争斗

昼夜节律（Circadian Rhythm）：二十四小时的生物钟，指导大多数生物体的行为，影响生物体睡眠和消化的方式。昼夜节律不受白天和黑夜的影响。

群体（Colony）：一群同种生物生活在一起。有些动物，如蚂蚁，形成永久聚集地，分工协作觅食且繁殖。有些动物聚集只为了繁殖。

共栖（Commensalism）：两种生物之间的关系，对一方有利，对另一方也无害。例如，豺狼有时跟着老虎，以老虎捕食的剩物为食。

竞争（Competition）：物种内部或之间为了生存来争夺有限的食物、水和领土。竞争发生在自然选择（◀9）下，物竞天择，适者生存。

求偶（Courtship）：用来吸引配偶的行为。一些动物，尤其是鸟类，通常靠"舞蹈"来求偶。它有助于动物选择成熟、强壮、健康的配偶。

回声定位（Echolocation）：一些动物，如蝙蝠和鲸通过这种方法来导航和捕食。它们发出高音调的声音，倾听回声，从而建立一个关于周围环境的图像。

黑猩猩靠群居来保卫自己的领土不被其他动物侵占，彼此间相互照顾来增强成员间的关系

动物行为学（Ethology）：研究动物行为的学科。

群居动物（Eusocial Animals）： 为了生存以群体为单位生活，彼此相互依靠的动物群体。群体内不同的分组，有不同的任务，有的寻找食物，有的哺育幼崽，也有的负责防御。多数昆虫是群居动物，如蚂蚁和蜜蜂。

定型行为（Fixed Action Pattern）： 由动物的基因（◀9）所决定的本能行为。例如，鸟的求偶行为属于定型行为。

冬眠（Hibernation）： 某些动物以减少身体活动的状态度过冬季的过程。动物冬眠时体温显著下降，这能让它们保存能量。

雄性信天翁和雌性信天翁表演交配"舞蹈"

模仿行为（Imitation）： 一种动物模仿另一种动物的行为。20世纪80年代，研究人员观察到一只日本猕猴在河里洗食物，而不是像其他猕猴一样扒开食物。不久，它身边的猕猴就开始模仿它的行为。

印记学习（Imprinting）： 一种学习模式，一些新生的鸟类或哺乳动物辨认并模仿出生后第一个见到的移动生物（通常是爸爸或妈妈）。

巢（Nest）： 动物或昆虫建造的住所，能让卵和雏鸟得到保护。

夜行性（Nocturnal）： 晚间活跃，日间休息。在炎热地区，动物为避免炎热选择夜间活动。为避免与其他动物竞争，有些动物，如蝙蝠，会在夜间猎食。

猫鼬是群居动物。它们通常30只左右生活在一起，轮流戒备捕食者

寄生（Parasite）： 一种生物体依附在另一生物体中（宿主）以求供给养料、提供保护。

拟寄生物（Parasitoid）： 杀死宿主的寄生物。一些昆虫的幼虫属于拟寄生物。

社会性动物（Social Animals）： 采取群体生活方式的动物。它们共同分担觅食、提防捕食者的任务。一些动物，如狼和狮子，进行群体猎食。

共生关系（Symbiosis）： 两个物种成员一方获利或彼此互利的关系。例如，小丑鱼居住在海葵有毒的触手之间，触角不会伤害小丑鱼但可以杀害它们的敌人。海葵以小丑鱼引诱来的动物为食。

领域（Territory）： 动物或动物群体防御种族被入侵的区域。这可以避免食物争抢，保护幼崽，避免潜在危险。动物经常在边缘地区留下气味，或用叫声来标记自己的领域。

大多数蝙蝠夜间活动。它们群居在黑暗的地方，如洞穴或树木

你知道吗

★ 生活在不同区域的相同物种在喊叫中可能有不同的"方言"。

★ 许多动物使用肢体语言和面部表情来互相沟通。例如，保持目光交流或凝视，是许多物种一种进攻性的表现。

小丑鱼和海葵

动物的运动 Animal Movement

篮子鱼游泳

一只蜘蛛猴使用卷尾来帮自己穿过树梢

动物的主要特征之一就是运动的能力。大多数动物能够奔跑、跳跃、爬行、行走、游泳或者飞行。肢体对运动不是至关重要的。比如，蛇是无足动物，但它可以在地上爬，在水里游，还可以爬树。少数动物几乎不运动，至少是成年后不运动。例如藤壶，它会长年附在海岸岩石上不动，尽管幼体时它会保持活动状态。

空中运动（Aerial Movement）：通过飞行或滑翔在空中运动。像昆虫这样非常小的动物还可以被风吹起来。

树栖运动（Arboreal Movement）：在树上进行的运动。许多树栖哺乳动物有长肢可以攀越障碍，锋利的爪子可以抓住树皮。青蛙和蜥蜴靠黏性的指垫粘在树上，蛇用它有力的身体在树枝上爬行。

两足动物（Bipedal）：用两足移动的动物。猿和大鸟靠两只脚交错前行。其他如袋鼠，靠两条腿跳跃前行。一些物种如蛇怪蜥蜴，可以靠两条腿突然奔跑来躲避捕食者。

臂力摆荡（Brachiation）：一种树栖运动。猴子靠双臂的摆动从一个树枝荡到另一个树枝。

鳍（Fin）：水生动物包括鱼和鲸身体表面突起的宽而大的部分，起着导向和平衡的作用。

鳍状肢（Flipper）：海洋哺乳动物专有的肢体，如海豹，靠鳍状肢在水里游动。

毛毛虫在树干上爬行

飞翔（Flying）：使用翅膀在空中飞行的活动。只有鸟类、蝙蝠还有昆虫会飞。它们向下拍动翅膀产生一种向上的托力，向后拍打使自己向前飞行。有两种拍动飞行方式：悬停和向前飞行。

步态（Gait）：指动物移动四肢的姿态。大多数动物根据不同速度或地形采用不同的步态。例如，一匹马可散步、小跑、慢跑或疾驰。每种步态，马都以不同的方式摆动四肢。

滑翔（Gliding）：一些森林动物空中可控的下降动作。滑翔的动物不能提供飞行动力，但可利用四肢伸展后皮肤的拍打，如降落伞那样减缓下落速度。动物可以掌握滑翔的方向，但不能向上滑翔。

悬停（Hovering）：一些飞行动物，如蜂鸟在空中停留在一个位置的行为。悬停是非常快速的拍打运动，比正常向前飞行消耗更多的能量。

喷射推进（Jet Propulsion）：水母、章鱼和鱿鱼所使用的运动方式。水被吸进动物体内囊并高速喷射出来，推进动物向相反的方向前行。

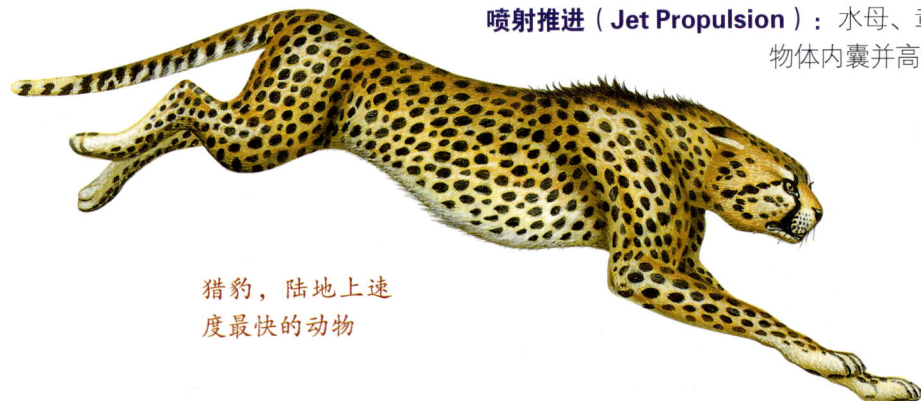

跳跃（Jumping）：袋鼠、兔子和跳蚤等动物所用的一种运动方式。跳跃的动物后腿很长，这给它们前进提供了动力。

无足运动（Limbless Movement）：不使用足在水里或陆路上运动的动物。无肢动物使用身体的肌肉来推动前进。蛇用波状运动来爬行或游泳，蜗牛和蛞

猎豹，陆地上速度最快的动物

企鹅在水下游泳

蝓靠黏滑的脚爬行，蚯蚓靠蠕动前行，水蛭靠环形运动前进。

环状运动（Looping）： 毛毛虫和水蛭使用的一种运动方式。动物保护其尾端，靠前端前进。身体的前端固定到适当位置，然后将尾端拉到这个位置，拉着尾端，形成一个环。然后身体前端再向前固定到新的位置，再次循环这个过程。

肌肉（Muscle）： 可以收缩的一种身体组织，肌肉收缩可以牵引骨骼，让身体关节运动起来。

飞行的野鸭

蠕动（Peristalsis）： 波状肌肉收缩。蚯蚓靠蠕动爬行。

固着动物（Sessile）： 不能移动的成年动物。例如贻贝固着在海滨岩石上，但它们幼体时是可以活动的。

侧滑（Sidewinding）： 一些蛇所采用的侧行波状运动。这样，蛇更容易穿过沙子或光滑的表面。在沙漠中，蛇会侧滑，这样每次只有身体的一小部分接触到热沙。

翱翔（Soaring）： 一些大型鸟类，例如鹰所使用的飞行方式。为了停留在空中，它们很少拍打翅膀。翱翔的飞鸟利用上升气流使自己飞在空中。它们只消耗很少的体能就能飞数千米远。

游泳（Swimming）： 在水中的运动。水生生物的身体一定是流线型的，这样可以减少水的阻力。鲨鱼嗖嗖地摆动着尾巴来提供一个向前的推力，鲸可上下移动尾巴。其他水生动物，如鳗鱼呈波状游动。水鸟和龟靠拍动四肢在水中"飞"。

流线型（Streamlined）： 减少空气和水阻力的流畅形状。飞行或水游动物一定呈流线型，这样空气或水很容易在身边滑过，它们消耗更少的能量在空气或水中自由移动。

地面运动（Terrestrial Movement）： 通过走步、跑、爬、跳或滑行在地面上运动。

波形运动（Undulatory Movement）： 把动物的身体拖成"S"形的波状运动。蛇的爬行、鳗鱼游动都属于波形运动。

翅膀（Wings）： 一对使动物靠拍动飞行的构造。鸟类和哺乳动物身上，翅膀就是进化了的前肢。鸟有长羽毛的翅膀。蝙蝠的翅膀由前趾间伸展开的皮肤构成。大多数昆虫有一对或两对翅膀。

在沙漠里移动的一条响尾蛇（上图）

一个袋鼠后脚蹬地，跳跃使身体向前倾。它的长尾巴可以让它保持平衡

进攻和防御 Attack & Defence

一群雌狮子伏击一匹角马

食肉捕食动物通过狩猎和攻击其他生物来获取食物。多数食肉者强壮、敏捷，有敏锐的嗅觉和武器，比如锋利的牙齿和爪子。被捕食的动物用各种手段来保护自己。一些靠强健的身体、脊柱或污秽的气味；一些动物能够迅速逃脱；而有些则反击，用蹄子踢或用牙、角进行攻击。数量众多也会有帮助，众多的眼睛和耳朵更容易发现捕食者。

肾上腺素（Adrenaline）： 动物感觉危险时释放到血流中的一种化学物质。它会使心跳加速，向身体周围输送更多血液，然后肌肉会更努力地工作。

伏击（Ambush）： 突然袭击。在伏击中，捕食者隐藏起来，一但猎物出现，迅速出击。伏击比长距离追击消耗的能量要少。

假死（Apparent Death）： 一种自卫形式，如果受到威胁，动物会假装死亡。这阻止了那些想要杀死它们的掠食者。许多蛇会采取假死方式。弗吉尼亚负鼠也是装死的高手。

保护器官（Armour）： 有助于保护动物的坚硬的身体外层。保护器官最常见的形式是坚硬的外壳，如龟身上的壳，或在犰狳身上重叠的鳞片。有些爬行动物也有硬壳状、鳞状皮肤。

自截（Autotomy）： 动物逃跑时为分散捕食者的注意力而故意失去一部分身体的行为。例如，遇到危险时，一些蜥蜴的尾巴尖是可以脱落的，蜥蜴跑后尾巴尖会继续抽动，吸引捕食者的注意。昆虫和蜘蛛也能以类似的方式脱落附肢。

一条铜头蝮蛇用黄色的尾巴尖吸引小动物，然后用毒牙攻击它

虎鲨的反荫蔽

伪装（Camouflage）： 动物用自身肤色、图案或身体形状与周围环境融合从而逃避敌人的方法。

化学防御（Chemical Defence）： 动物的一种自我防御形式，动物将有毒的液体喷洒在攻击者身上。这常发生在昆虫和一些哺乳动物上，比如臭鼬。

反荫蔽（Countershading）： 许多鱼的一种伪装方式。从上面看，深色的后背使鱼与深水的颜色融为一体；从下面看，腹部的苍白色与轻柔的水表面融为一体。

拟态（Mimicry）： 一些动物为了吓跑捕食者，模仿其他更危险物种的行为。例如，一些无害的苍蝇身上长有类似蜜蜂和黄蜂的标记，其实是为了保护自己。

侵扰行为（Mobbing Behaviour）： 为了驱赶攻击者，由一群动物发起的进攻。侵扰行为在动物中很常见，如筑巢鸟，当它们的幼雏身处危险时，一群大鸟就会对入侵者发起攻击。

集群猎手（Rack-hunter）： 群体狩猎者的一个捕食者。集群猎手通过包围猎物，同力协作来提高它们成功的概率，打倒比它们单体更大的猎物。

猫头鹰的爪子适合抓取猎物

捕食者（Predator）： 杀死并吃掉其他动物的动物。

猎物（Prey）：被其他动物猎杀的动物。

跳跃（Pronking）：兽群中动物，尤其是瞪羚，为了逃避捕食者的突然跳跃。跳跃被猎食者认为是猎物健康的信号，这样猎食者会更加努力追赶群里的其他动物。

刺（Spines）：动物身体上锋利的突出物，如刺猬、豪猪和刺猬鱼。当受到威胁时，豪猪卷成一个球，并把刺扎入其他攻击者的皮肤里。

豪猪

你知道吗

★ 受到攻击时，海参可以喷射出内脏而逃跑，然后内脏会重新长出来。

★ 多数食肉动物可以悄无声息地爬向猎物。猫头鹰羽毛的边缘很软，所以它们飞行时悄无声息。猫爪上的肉垫使猫能够脚步轻盈，悄然无声。

★ 植物也需要防御自己，不被动物吃掉。因为扎根在地上，它们无法逃脱。有些品种有刺，如仙人掌和荆棘，这使它们很难被吃掉。有些（如刺人的荨麻）长着刺毛，动物触碰到会很痛苦。一些植物有毒或气味很怪，这可以防止被动物吃掉。

无害的乳蛇（上图）模仿毒珊瑚蛇的鲜艳颜色，防止自己被天敌吃掉

25

麝牛围绕在幼崽周围来抵御狼的侵袭

惊吓反射（Startle Display）：威胁或惊吓攻击者的突然行动。一些动物反射鲜艳的颜色来惊恐捕食者。有些动物会突然隆起身体让自己变得更大，或跳出来吓走捕食者。

针刺（Sting）：一个短而尖的器官，如蜜蜂、蚂蚁和蝎子都有针刺。为了麻痹或杀死猎物，或伤害攻击者，针刺会刺向其他动物体内并且同时注射毒液。

毒液（Venom）：一些动物身体内有毒的物质，包括蛇、蜘蛛、蝎子和鱼等物种。它可以用于捕杀猎物或防御进攻，通常用锋利的刺扎入猎物体内或咬伤猎物。有毒的捕食者可能会发出即将攻击的警告。

警戒色（Warning Colours）：生物鲜艳的颜色或标记，警示口味不好或有毒。某些鱼类、甲虫、飞蛾、蝴蝶和毛毛虫的肉有毒。捕食者很快学会避开它们，因为它们认识这些生物的颜色。颜色也可能是一个信号，警告生物是有毒的，例如一些毒蛇有鲜艳的色彩。

皇蛾幼虫色彩鲜艳，身上有刺，就是为了防止食肉动物吃它

迁徙 Migration

迁徙是指一个动物或一群动物从一个地方移到另一个地方。通常一年一次，发生在一个特定的季节里。动物迁徙可能为了寻找食物或到更适合繁殖的地方。鸟类迁徙得最远，因为飞行使它们能到很远的地方。有迁徙习惯的动物被称为迁徙动物。

褐山蝠春季在东欧飞越1600千米

高度迁徙（Altitudinal Migration）：动物从高海拔地区迁徙到低海拔地区，例如从山上迁到山下。由于植物被白雪覆盖，许多高山动物在冬天离开山峰。

天文导航（Celestial Navigation）：动物利用星星、太阳和月亮进行的导航。例如，通常认为椋鸟在飞行时用太阳辨别方向。夜莺、鹟和其他夜间飞行者通过确定星星的位置来导航。

罗盘导航（Compass Navigation）：在没有地表的指示和不考虑起点的情况下，动物以罗盘方向进行移动的能力，例如向北方移动。

完全迁徙（Complete Migration）：所有物种成员的共同迁徙。驯鹿和许多鸟类（包括莺和岸鸟）是典型的完全迁徙。

归巢（Homing）：动物从一个陌生的起点移向固定位置的能力，如生栖地或繁殖地。归巢可能取决于天体、磁性或嗅觉导航。鸽子是众所周知的归巢鸟类。

侵入迁徙（Irruption）：随意不固定的移动。入侵活动可能涉及一些或所有群体。例如，旅鼠因为侵入迁徙而闻名。如果食物短缺，或成员过多，旅鼠就会发生侵入迁徙。

纬度迁徙（Latitudinal Migration）：动物向南北不同气候地区的运动。在北半球，北部比南部更冷，许多动物迁徙到南方过冬。当夏季北部变暖，食物重新变得充足，动物再返回北方。

磁导航（Magnetic Navigation）：有些动物可以检测到地球的磁场并在迁徙的时候使用它。蝙蝠、海龟和鸟类使用磁导航。科学家认为它们能这样做是因为它们的大脑含有微小颗粒的磁性矿物。

导航（Navigation）：动物从一个点旅行到另一个点的能力。

游牧迁徙（Nomadic migration）：动物为寻找食物进行的随意迁徙。例如，牛羚和斑马在非洲平原的游牧迁徙。一旦它们吃光了一个地区的植物，它们就会迁徙到其他地区。

驯鹿

欧金鸻　北美

黑脉金斑蝶

欧金鸻从巴西迁徙到加拿大北部并返回，来回约40 000千米的旅程

每年秋天，帝王蝶从加拿大迁移到墨西哥，数百万计的帝王蝶聚集在树干上

每年冬天，柳莺都会从西伯利亚迁移到非洲最南端

柳莺

亚洲

褐山蝠

欧洲

小·红蛱蝶

小·红蛱蝶

非洲

帝王蝶

南美

小红蛱蝶曾经是飞行最远的蝴蝶

嗅觉导航（Olfactory Navigation）：根据气味依靠心理地图进行的导航。嗅觉导航通常是用在短的距离。鲑鱼和蝾螈目动物的一些物种在迁徙中利用嗅觉导航。

部分迁徙（Partial Migration）：一个物种中只是一部分成员的迁徙，通常是为了繁殖。银鸥、红鹰和金雕属于部分迁徙。部分迁移比全部迁徙更为普遍。

永久迁徙（Removal Migration）：一个物种永久离开原生地的迁徙。永久迁徙通常发生在环境被破坏或周围食物不充足的时候。

季节性迁徙（Seasonal Migration）：与季节变化相匹配的迁徙。大多数动物迁徙是季节性的。

真实导航（True Navigation）：取决于识别主要地标的导航，这主要包括河流、山脉，甚至道路和城市。海洋动物，如海豚，通过记住海底的形状来导航。

V形模式(V-formation)：为了避免消耗能量，候鸟在空中形成的一种模式。前面的鸟拍打翅膀引起空气流动，给后面的鸟提供了上升力。大雁、鸭、鹈鹕和鹤都以此形式飞翔。

每年，成群的蝗虫在撒哈拉沙漠飞3200千米进行游牧迁徙

驯鹿经常游过河流到达它们的目的地

27

图书在版编目（CIP）数据

百变生物 / (英) 鲁斯·西蒙斯著 ; 王郁文译.—沈阳 : 辽宁科学技术出版社, 2017.5

（少年儿童百科全书）

ISBN 978-7-5591-0024-5

Ⅰ.①百… Ⅱ.①鲁… ②王… Ⅲ.①生物学 – 少儿读物 Ⅳ.①Q-49

中国版本图书馆CIP数据核字(2016)第287840号

出版发行：辽宁科学技术出版社

　　　　　（地址：沈阳市和平区十一纬路 25 号　邮编：110003）

印 刷 者：辽宁北方彩色期刊印务有限公司

经 销 者：各地新华书店

幅面尺寸：230mm × 300mm

印　　张：3.5

字　　数：100千字

出版时间：2017 年 5 月第 1 版

印刷时间：2017 年 5 月第 1 次印刷

责任编辑：姜　璐

封面设计：大　禹

版式设计：大　禹

责任校对：徐　跃

书　　号：ISBN 978-7-5591-0024-5

定　　价：25.00 元

联系电话：024-23284062

邮购咨询电话：024-23284502

E-mail：1187962917@qq.com

http：//www.lnkj.com.cn